少年读中国科技

仰望星空的
中国天眼

钱 磊 陈 赏◎著　肖 帆◎绘

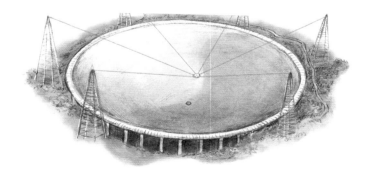

北京科学技术出版社
100 层童书馆

图书在版编目（CIP）数据

仰望星空的中国天眼 / 钱磊，陈赏著；肖帆绘 .
北京：北京科学技术出版社，2024. -- ISBN 978-7
-5714-4156-2

Ⅰ . TN16-49

中国国家版本馆 CIP 数据核字第 2024CH2152 号

策划编辑：刘婧文　李尧涵
责任编辑：刘婧文
封面设计：沈学成
图文制作：天露霖文化
责任印刷：李　茗
出 版 人：曾庆宇
出版发行：北京科学技术出版社
社　　址：北京西直门南大街 16 号
邮政编码：100035
电　　话：0086-10-66135495（总编室）
　　　　　0086-10-66113227（发行部）
网　　址：www.bkydw.cn
印　　刷：雅迪云印（天津）科技有限公司
开　　本：889 mm×1194 mm　1/32
字　　数：28 千字
印　　张：2.25
版　　次：2024 年 11 月第 1 版
印　　次：2024 年 11 月第 1 次印刷
ISBN 978-7-5714-4156-2

定　　价：32.00 元

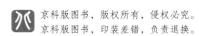

观"中国天眼"，听宇宙之声

1

盼星星盼月亮，终于盼到了快乐的暑假！宋晨晨彻底放开了玩儿，窝在家里连看了好几部最爱的**星际科幻大片**。

午饭的时候，妈妈提醒道："晨晨，你的暑假作业开始做了吗？可别像上个暑假，留到最后几天才急急忙忙地赶作业。"

宋晨晨满不在乎地说："还早着呢！"

爸爸笑着问："科幻大片有那么好看吗？"

"超好看！主角们乘坐飞船在宇宙里遨游，在每个星球都有不一样的奇遇！"宋晨晨越说越起劲儿，"真的有外星人吗？地球和外星怎么通信？我真想像主角们一样到宇宙历险！"

"既然你这么想了解宇宙，咱们就去看一看吧！"爸爸将手机推到宋晨晨眼前，笑眯眯地说。

"什么？！"宋晨晨定睛一瞧，老爸报名了"中国天眼"的研学团！他又惊又喜，从椅子上跳下来，飞奔进卧室："我立刻收拾行李！"虽然不是直接去宇宙，但"中国天眼"可是能探索宇宙未知之地的最灵敏的"眼睛"！晨晨早就想去看看了。

研学团的大巴车行驶在高速公路上。车窗外，蓝天如洗，白云悠然，翠绿的山峦连绵起伏，浓密的树冠相互交织，风景美不胜收。大巴车穿过了被誉为"天空之桥"的平塘特大桥，经过了天眼站，抵达了"天文小镇"。一下车，宋晨晨深深地吸了一口气，清新的空气瞬间充满了胸腔，令人舒爽。

灿烂的阳光下，地标性建筑天文时空塔矗立在眼前，碟形塔基像极了人类想象中的不明飞行物（UFO），极具科幻感。

　　研学团的第一站就是参观天眼。爸爸带晨晨在储物区按照规定寄存了随身的电子产品等物品，随后便跟着其他游客一起乘坐摆渡车盘山而上。

"为什么不能带电子产品呢？"宋晨晨疑惑地问。

"因为电子产品会影响天眼的正常运行。待会儿了解了天眼的工作原理，你就明白了。"老爸卖了个关子。

研学团跟着讲解员走上观景台，"中国天眼"尽收眼底：天眼宛若一口银色的大锅，外圈环绕着六座馈源支撑塔，有六根钢索从塔上伸出，钢索末端有一个状似飞碟的物体——馈源舱。

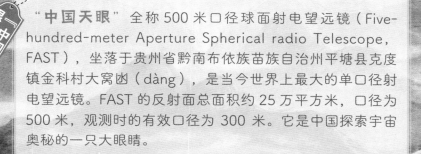

"**中国天眼**" 全称 500 米口径球面射电望远镜（Five-hundred-meter Aperture Spherical radio Telescope，FAST），坐落于贵州省黔南布依族苗族自治州平塘县克度镇金科村大窝凼（dàng），是当今世界上最大的单口径射电望远镜。FAST 的反射面总面积约 25 万平方米，口径为 500 米，观测时的有效口径为 300 米。它是中国探索宇宙奥秘的一只大眼睛。

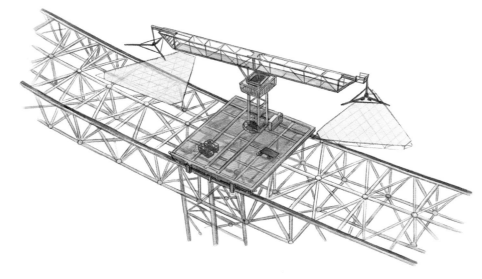

走下观景台，讲解员又带着大家回到天眼，从基底登上了天眼的钢铁"眼眶"——圈梁。圈梁被50根从6米到50米高低不等的钢柱支在半空，周长约1.6千米。登上圈梁俯瞰，整个反射面由一块块三角形的反射面板组成。

讲解员介绍说，当初建造"天眼"时，人们在圈梁上装上小型塔吊，就可以绕着圈梁运输反射面板。

在这个距离，宋晨晨才看清，反射面板上有许多小孔。"为什么面板上有小孔呢？"宋晨晨好奇地问。

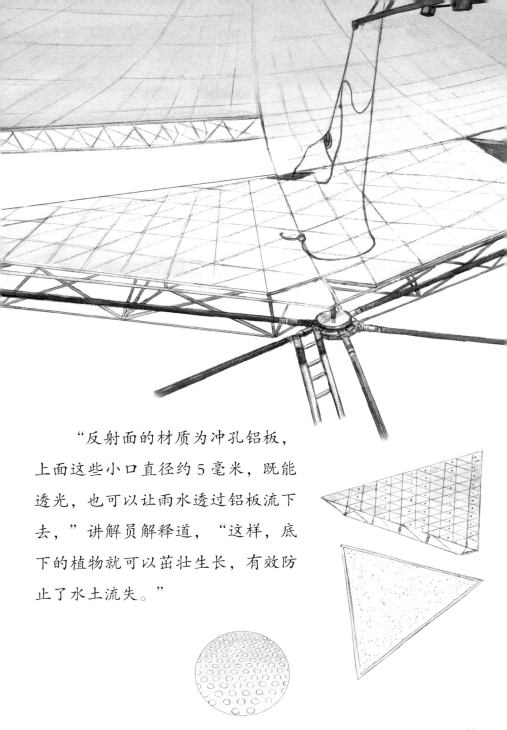

　　"反射面的材质为冲孔铝板，上面这些小口直径约5毫米，既能透光，也可以让雨水透过铝板流下去，"讲解员解释道，"这样，底下的植物就可以茁壮生长，有效防止了水土流失。"

"反射面板共有 4450 块，其下是一片索网。这是世界上跨度最大、精度最高的索网结构，也是世界上第一个采用变位工作方式的索网体系。'中国天眼'的整个索网共有 6670 根主索、2225 个主索节点及相同数量的下拉索，总重量约 1300 吨。索网主索索段的控制精度必须达到毫米级。

　　1 **毫米以内的误差**！简直难以想象工人叔叔该有多么辛苦！宋晨晨努力尝试用手指比画出 1 毫米："爸爸说，我们指甲的厚度大约是 0.5 毫米到 0.8 毫米，1 毫米也就比指甲略厚一丁点儿。"

　　"曾任'中国天眼'工程首席科学家、总工程师的南仁东先生说，宇宙空间混杂各种辐射，遥远的信号像雷声中的蝉鸣，没有极其灵敏的耳朵根本分辨不出来。因此，'中国天眼'相当于30个足球场大的反射面可以把尽可能多的信号聚集在药片大小的空间里，这样做才有可能监听到宇宙中微弱的射电信号。"讲解员慷慨激昂地说道，"如今我们做到了！即使是远在百亿光年外的射电信号，'中国天眼'也有可能听到。正如南仁东先生所说，在月亮上打电话，'**中国天眼'也能听得一清二楚。**"

　　"我明白了！怪不得我们不能带电子产品进来，因为电子产品会影响天眼的工作！"宋晨晨此刻恍然大悟。

　　"快看，天眼在动！"有人喊到。一时间，大家纷纷凑上前。爸爸将晨晨扛上肩头，好看得更加清晰。

　　讲解员循序渐进地为游客们介绍道："请看，天眼中央那个形似飞碟、正在运动的装置，名叫馈源舱，是天眼的核心部件。馈源是射电望远镜用来接收信号的装置；馈源舱是安放馈源的舱体，重约30吨，相比于重达1000吨的原世界第一大射电望远镜——阿雷西博望远镜的馈源舱，小体积的馈源舱具备有效

减少光路遮挡、减少干扰信号等优势。馈源舱还有个'家'——舱停靠平台，位于大窝凼底部的中心，是馈源舱安装、入港、停靠、维护、检修的平台。"

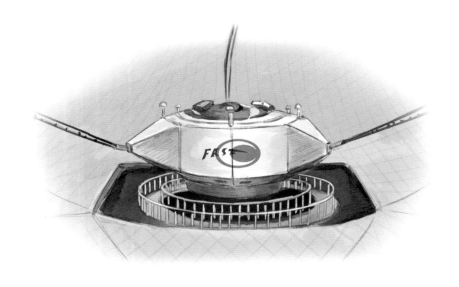

　　讲解员让大家看向悬吊着馈源舱的钢索："这 6 根馈源支撑索，一端连接馈源舱，另一端经过馈源支撑塔顶端的转向滑轮，连接到塔底的卷扬机。一切准备就绪后，馈源舱正式升至工作高度。馈源舱可根据观测需求上下、左右、前后移动，里面的精调并联机器人会对馈源的位置和姿态进行精准定位。"

　　如果说天眼**就像眼睛一样**，馈源舱就是它的"瞳孔"。

不仅馈源舱会在空中移动，"大锅"一样的反射面也在调整。"在观测过程中，天眼会实时调整形态，反射面的一部分从球面变为抛物面。索网结构随着天体的移动，带动索网上活动的4450块反射面板产生变化，在观测方向形成300米口径的瞬时抛物面，这样就可以汇聚电磁波。"讲解员解释到。

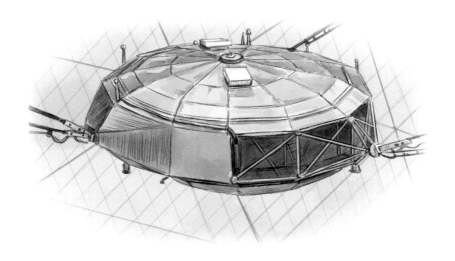

"来自宇宙中遥远天体的无线电信号，经过'大锅'汇聚后，反射到悬吊在高空 140 米处的馈源舱内的接收设备里，再经过光纤传送到地面的控制室，进行数据处理。"

宋晨晨明白了，天眼不仅是一只能看得很远很远的大眼睛，还是一只灵活的大眼睛！只是这工作原理嘛，实在太复杂了，听得宋晨晨的大脑都要冒烟了！

　　游客中有人问："建设天眼的目的是什么呢？"

　　"天眼肩负着许多重任。其中一项主要任务是搜寻脉冲星。"讲解员答到。

　　太阳是恒星，地球是行星，月亮是卫星。"脉冲星"这个词可是闻所未闻。宋晨晨的脑子里挤满了问号。

宋晨晨是星际科幻迷，班里同学都爱围着他，听他讲科幻大片里的故事，宋晨晨因此自诩见多识广。可是到了这儿，光靠科幻片了解的知识就远远不够了。真是书到用时方恨少！

　　讲解员让大家移步去下一站，那里将揭晓有关天眼和脉冲星的谜底。

知识锦囊

脉冲星是一种快速转动的致密天体，会发出周期性电磁波脉冲。它是恒星在超新星阶段爆发后的产物，是一个密度很大且体积很小的天体，直径大多为 10 千米左右。脉冲星的旋转速度很快，有的甚至可以每秒转 700 多圈。在旋转过程中，脉冲星的电磁波脉冲不断地向外界辐射，这种脉冲非常有规律。因此，脉冲星被认为是宇宙中最精确的时钟。发现脉冲星是国际大型射电望远镜观测的主要科学目标之一。

　　进入平塘国际天文体验馆，映入眼帘的是伸手指向苍穹的古人雕像，背后墙面的青铜浮雕上，可以看到古代的浑天仪、日晷等天文仪器。从古到今数千年，斗转星移，中国人探寻宇宙奥秘的脚步从未停止。

　　在天眼模型前，讲解员详细介绍了寻找脉冲星的原因。

为什么要寻找脉冲星？

脉冲星的自转周期非常稳定，它们可以辐射出规律的电磁波信号，就像精确的时钟。这些信号可以用于引力波探测、航天器导航等科学和技术应用。在宇宙中航行时，我们需要可靠的信标来标记位置。脉冲星的脉冲信号就是这样的信标，它们就像宇宙中的灯塔，帮助我们确定坐标，绘制准确的航行图。此外，脉冲星的辐射受到星际介质的影响，会发生一些变化，例如色散和法拉第旋转效应。通过研究这些效应，我们可以更好地理解星际空间的物理特性。脉冲星不仅是宇宙中的奇特天体，也是我们探索宇宙、理解物理规律的重要工具之一。

　　讲解员说，"中国天眼"已发现的脉冲星，大部分是用一种名叫"**漂移扫描**"的观测模式发现的，这种搜索方式被称为"盲搜"。"中国天眼"将反射面和馈源调整好，以固定角度指向天顶，等着天体自己运动到望远镜的视野里。

"这个观测模式听起来像'守株待兔'！"宋晨晨感叹。

　　"没错，'漂移扫描'的观测模式和'守株待兔'的思路类似！"讲解员说道，"我们之前看到天眼反射面调整形态，就是为了'漂移扫描'做准备。"

"天眼反射面的基准形状是球面，为了能把电磁波聚焦到一点，反射面需要变形，将球面的一部分变为抛物面，再准确地把馈源放到抛物面焦点上，就像手电筒的小灯泡需要安放到焦点上。"说着，讲解员举起了一个小灯泡："如果手电筒的小灯泡没放到焦点上，手电筒就不能很好地向远处发光。而如果馈源没放到位，天眼也不能很好地接收射电波。"

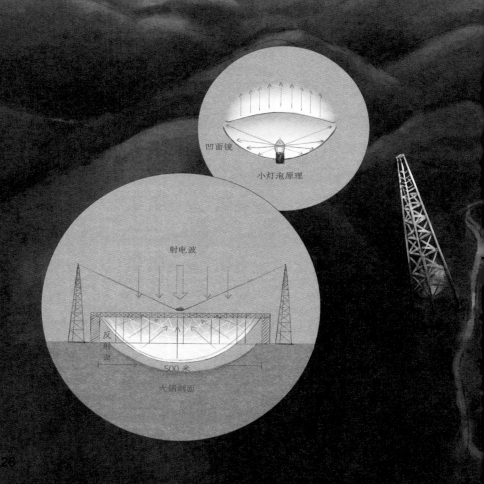

凹面镜

小灯泡原理

射电波

反
射
面

500 米

大锅剖面

"另一种常用观测模式叫'跟踪'。就是盯着某一确定目标来观测。这时候，不能保持一个姿势不动。天眼锁定目标之后，便开始'盯梢'，天眼的反射面和馈源舱都会实时进行调整，以消除地球转动对观测造成的影响。天文学家希望能通过跟踪来捕获银河系外的第一颗脉冲星。"讲解员说道，"除此以外，'中国天眼'还能对近邻的星系进行成图观测。科学家会设计好天眼的运动轨迹，之后开启运动中的扫描模式，对要观测的星系进行扫描后，最终成图。"

"天眼扫描形成的是什么样的图呢？和我们看到的星空一样吗？"有人问。

讲解员笑着摇摇头："'中国天眼'是射电望远镜，观测的是肉眼不可见的电磁波。它'眼中'的星空，不是一张由恒星和星云等组成的常规星图，更像是一个由宇宙空间中各种电磁信号组成的数据库。"

原来如此！天眼果然不是普通的眼睛，是一双能**观测电磁波的"超级眼睛"**！

"截至目前，'中国天眼'新发现的脉冲星已经超过900颗，其中包括一些具有极端特性的脉冲星。这些发现有助于我们揭示宇宙的奥秘和魅力。"讲解员自豪地说。

宋晨晨听得入了迷。爸爸轻轻拍了拍他的肩膀，问："想不想听听脉冲星的声音？"

射电体验厅里的模拟陨石上放置着耳麦，里面是由"中国天眼"捕获的脉冲星信号经过处理转换而成的音频。宋晨晨戴上耳麦，闭上眼睛凝神聆听。

一阵阵规律又充满节奏感的声音在耳畔回荡，很难描述这个声音是什么：似乎是琴弦拨动的"嗡嗡"声，又像是心脏跳动"怦怦"声，也像是汽船鸣笛的"嘟嘟"声……听着听着，晨晨被深深地震撼了，他觉得自己与宇宙建立了一种奇妙的连接，能够感受到宇宙的脉动和活力，仿佛他已经穿过辽阔的宇宙，来到了那颗脉冲星前。

　　另一边的大屏幕上，讲解员正在展示脉冲星的自转。宋晨晨忽然有了一个奇妙的想法：每一颗星星都是有生命的，"中国天眼"捕捉到的脉冲星信号，正是它在宇宙舞台上旋转舞动的韵律。

　　讲解员说，天眼的本领大着呢，除了发现脉冲星，它还能搜寻识别可能的星际通信信号，**寻找地外文明**……

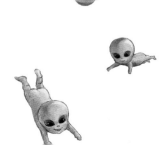

世界知名望远镜的口径

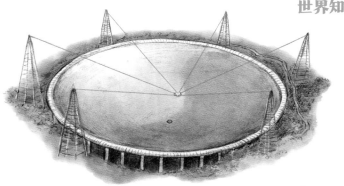

中国天眼　500 米

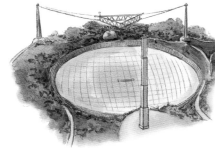

阿雷西博望远镜　305 米

绿岸望远镜　110 米

郭守敬望远镜　4 米

　　听到"中国天眼"这么厉害，宋晨晨心里升起一丝骄傲。不过，宋晨晨还是有疑问："那有没有能够直接看到星星模样的望远镜呢？"

"有啊，用光学望远镜就可以看到，"讲解员答道，"只不过，地基光学望远镜会受到地球大气层的干扰。"

　　"怎么才能消除这些干扰呢？"宋晨晨问。

　　"这就要说到我国正在建造的'飞天巨眼'——中国空间站巡天望远镜（CSST）！"讲解员答到。

　　这是中国迄今为止规模最大、最先进的新一代空间天文望远镜，也将是未来十年国际上最重要的空间天文观测仪器之一。它的主要使命是"巡天观测"，即对宇宙中的天体进行普查，为人类带来全景式的宇宙高清地图。

地上有"中国天眼"，天上有"飞天巨眼"，这两只大眼睛将帮助人类探索宇宙的奥秘。

　　天文体验馆还有许多有趣的项目，宋晨晨玩得十分尽兴，不知不觉活动结束了，这才恋恋不舍地走出了大门。绚丽的晚霞给远处的群山罩上了一层彩衣。爸爸和宋晨晨跟着研学团上了车，前往住宿的酒店。

进入酒店前，需要穿越一个溶洞，洞内巧妙布置的彩灯发出一束束柔和的光芒，映照在奇形怪状的钟乳石上，宛如精灵的手笔，将宁静的溶洞点缀得如诗如画。车辆在溶洞里行驶，仿佛钻进了一条通向童话世界的隧道。

　　夜色渐深，夜空中繁星闪烁，草丛间微风轻拂，萤火虫闪烁着温柔的微光。宋晨晨和爸爸坐在草地上纳凉，爸爸教晨晨辨认北极星。

爸爸指着天空："将北斗七星勺头的两颗星连线，勺头方向连线的 5 倍距离处的那颗星就是北极星，而北极星所在的位置就是正北方。迷路的人可以靠北极星辨别方向。"

　　北极星和太阳一样都是恒星。目前可观测的宇宙中有1000多亿个星系，每个星系又包含着大量恒星。这些星系中有外星人吗？地球之外是否有其他文明存在？这些都等着天眼这样的设备帮助人类去探索发现。

探天然溶洞，解选址之谜

第二天早上，起床的闹铃一响，宋晨晨就一骨碌从床上爬了起来，开始麻利地洗漱。爸爸睡眼惺忪，打了个大大的哈欠，揉了揉眼睛。

"老爸！快起床啦！今天要去溶洞探险！"宋晨晨兴致高昂地催促。

大家乘车来到营地，听过讲解后，换上专业的探洞装备，俨然都是一副冒险家的模样呢。

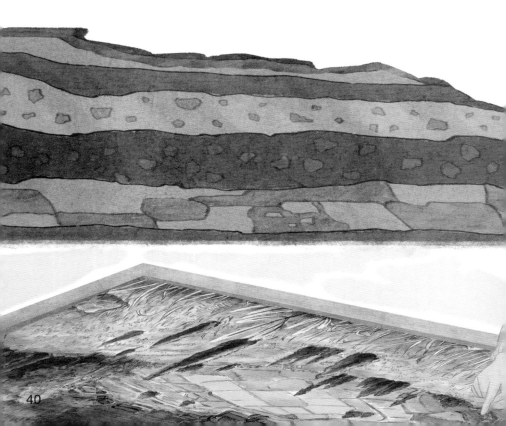

贵州的喀斯特地貌分布十分广泛。这里的溶洞千奇百怪，每一个都有着属于

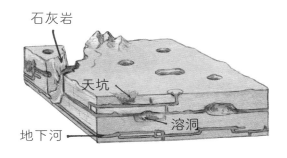

石灰岩
天坑
溶洞
地下河

自己的故事和特色。数量众多的溶洞构成了奇妙的地貌画卷。

知识锦囊

喀斯特地貌

地表可溶性岩石受水的溶蚀作用和伴随的机械作用所形成的各种地貌统称为喀斯特地貌，又称岩溶地貌。

"天硐"溶洞属于喀斯特地貌，是自然形成的天然溶洞。其洞壁几乎垂直于地面，洞口朝天，因此得名"天硐"。天硐的洞口在海拔约1000米的山顶上。研学团跟随领队一路跋涉，夏日炎炎，宋晨晨的身上很快沁出了一层汗，热得他不断挥动着手掌扇风。

　　"我们到了！"领队叔叔忽然喊到。绿意掩映下，黑漆漆的洞口仿佛一张欲说还休的嘴，要向人们讲述这座山的秘密。

　　靠近洞口，只觉一阵凉意扑面而来，暑热一下子被驱赶得无影无踪，宋晨晨顿觉十分舒爽。领队叔叔说，洞穴内冬暖夏凉，常年温度在20℃以下，是避暑的绝佳之选。

知识锦囊

溶洞是怎样形成的？

溶洞是石灰岩地区的地下水长期溶蚀的结果。石灰岩的主要成分之一是碳酸钙，碳酸钙是难溶于水的固体，它与水、二氧化碳反应会生成易溶于水的碳酸氢钙。溶有二氧化碳的地下水和雨水对石灰岩层长期侵蚀后，生成碳酸氢钙，而溶有碳酸氢钙的水在地下流动时，受到温度和压力变化的影响，碳酸氢钙又会再分解为二氧化碳和难溶于水的碳酸钙，沉积形成钟乳石、石笋等景观，溶洞就逐渐形成了。

我要自己来！

洞内光线昏暗，研学团的团员们纷纷打开了头灯。脚下是嶙峋的石头，只能牢牢抓着攀岩绳才能一步步向前。有时通道极其狭窄，只能容一个人匍匐通过。

领队带领着大家，穿越溶洞中迷宫般的通道。前方是一段攀爬的路程，研学团的成年人一个个爬了上去。轮到宋晨晨时，崎岖的道路和体力的消耗令宋晨晨的双腿不自觉地打战。

"老爸托你上去吧？"爸爸指了指肩头。

"我要自己来！"宋晨晨拒绝了老爸的好意。

他拽紧攀岩绳，找好每一步的落脚点，手脚并用，缓慢但平稳地爬了上去。站稳后，宋晨晨借着头灯看了看自己的手，掌心有攀岩绳勒出的数道红痕。

"好样的，小伙子！"领队叔叔向他竖起了大拇指。

爸爸也爬了上来，凑上来问："怎么啦，你在看什么呢？"

"我在想，我们作为游客参观，走这几步路都这么艰难了，来这里的研究人员和建天眼的人一定走过更为艰辛的路吧。"宋晨晨若有所思地说到。

"是啊，他们不光走了更艰辛的路，而且走了许多年。"爸爸意味深长地回答。

这时，领队示意大家看向周围，一颗颗石笋拔地而起，一根根钟乳石形状各异。

　　"自下向上生长的叫石笋，从上往下生长的叫钟乳石。石笋与钟乳石成长缓慢，有的一万年才长高约一米，"导游声情并茂地说，"这些美丽的钟乳石和石笋是数百万年的时间里自然之力的杰作！"

　　"那是什么？"宋晨晨忽然发现地上一片亮晶晶的，宛若一条星河。

"看起来亮闪闪的物质是亮晶方解石，是一种碳酸盐岩。由于不规则的晶体结构会将光线向不同方向反射，你们仔细看看，它们反射了洞里的光线，是不是仿佛营造出了一片洞中的'星空'。"

　　"真是太巧了，天眼在群山间仰望星空，山中的溶洞里也有一片'星空'。"宋晨晨感叹到。

"这位小同学说得不错！其实，天眼选址于此，与喀斯特地貌有着千丝万缕的关联。"

领队叔叔解释道，天眼选址在大窝凼，考虑到了许多条件：大窝凼洼地的形状接近球冠，够大、够深，符合建设"中国天眼"的地形条件；周边的山体较为稳固，少地震、少落石，喀斯特地貌和丰富的地下暗河能够确保雨水快速向地下渗透，而不会在地表积聚，不会淹及望远镜的电气设备，符合建设"中国天眼"的地质条件；此外，这里有着良好的气象条件，风速小，可以减小馈源舱受到的扰动；附近人烟稀少，周围山体对外界的无线电波有屏蔽作用，提供了良好的周边电磁环境。

视野忽然明亮，不知不觉间，研学团穿越了山体，阳光从洞口洒落，出口就在眼前。

　　大家返回营地休息，望着崇山峻岭。"建设天眼的工程师是怎么在大窝凼工作的呢？"有人问。

领队叔叔又讲起了"中国天眼"的建造故事："1994年，FAST选址工作启动，选址工程长达12年。工程师南仁东对比了1000余个洼地，最终确定大窝凼洼地为FAST台址。2011年，项目正式开工建设，主要有台址勘察与开挖、主动反射面建设、馈源支撑系统建设、测量与控制系统建设、接收机与终端系统建设、观测基地建设6项内容。从1994年起，经过22年的设计、实施和修建，到了2016年，FAST终于落成启用。"

研学团的成员们听后感慨万千。22年的漫长岁月，足够把一个婴儿变成青年，也足够让一个遥望宇宙的梦想实现。

天眼之父 南仁东

3

　　用过午餐，大家从溶洞营地返回天文小镇。途中，导游姐姐给大家播放了南仁东的纪录片。他们接下来要前往本次研学的最后一站：南仁东纪念馆。

南仁东

南仁东（1945-2017），中国天文学家，"人民科学家"国家荣誉称号获得者。他的主要研究领域为射电天体物理和射电天文技术与方法。他是"中国天眼"的主要发起者和奠基人，曾任FAST工程首席科学家兼总工程师。自1994年起，他一直负责FAST的选址、预研究、立项、可行性研究及初步设计，全面指导FAST工程建设，主持攻克了索疲劳、动光缆等一系列技术难题，为FAST工程的顺利完成作出了卓越贡献。

　　研学团一行人来到南仁东纪念馆，馆内分为时代楷模——天眼巨匠南仁东事迹展、"中国天眼"微缩模型、南仁东生前旧物展示、南仁东办公室复原展、图书馆等区域，从梦想、创造、奋斗、团结、生命无垠五个方面较为完整地展示了南仁东先生的科研人生。

　　讲解员绘声绘色地向大家讲述了南仁东先生为国造重器的事迹，以及FAST艰苦卓绝的建造历程。

　　1993年，在国际无线电科学联盟（URSI）大会期间，众天文学家经过研讨达成了共识：建造接受面积达一平方千米的大射电望远镜阵，以深入研究宇宙的奥秘。

1994 年，南仁东在美国参观了阿雷西博望远镜之后，他立志要在中国也修建一座射电望远镜，提出了 FAST 的构想。当时，国内射电望远镜的最大口径仅为 25 米，500 米口径的射电望远镜仿佛一个遥不可及的梦。

1994 年起，年近五旬的南仁东先生开始主持射电望远镜计划的推进工作。他大胆提出，利用贵州省的喀斯特洼地作为望远镜台址，建设巨型球面望远镜。从 1994 年到 2005 年，他带着 300 多幅卫星遥感图，拄着竹竿，几乎走遍了贵州所有的洼地。功夫不负有心人，在 391 个备选洼地里，他终于选到了最适合 FAST 的台址。

南仁东先生一边选址，一边为工程立项奔波，推进建造计划，寻求技术合作。2007 年 7 月，天眼作为"十一五"重大科技基础设施建设项目，正式被国家批准立项。

2010 年，天眼工程在建造准备阶段遇到一个近乎灾难性的技术问题。计划用于主索网的十余根样品钢索，在疲劳实验中全部以失败告终，没有一根能满足要求。这对天眼的建设来说是一个重大的挫折。

为了解决钢索疲劳问题，工程团队几乎针对所有的关键性制索工艺都进行了改进，失败了近百次。几乎每一次，南仁东都亲临现场，沟通改进措施。历经两年，终于研制出了满足 FAST 要求的钢索，让天眼建造渡过了难关。

2011 年，天眼工程正式开工建设。建造阶段，南仁东先生一天到晚待在施工现场，亲自参与工程建设的每一个部分。2015 年，确诊肺癌的南仁东先生在手术后仅仅三个月，便忍着病痛返回施工现场，用沙哑的嗓音和施工人员认真地交流。

南仁东先生与全体工程团队一起锲而不舍地攻坚克难，披荆斩棘，暮去朝来历二十余载，实现了中国拥有世界一流望远镜的梦想。

　　伴随着讲解员动人的叙述，宋晨晨和爸爸一一看过南仁东纪念馆里的一行行文字、一张张图片、一段段影像……

宋晨晨被几个小小的展示格子吸引了，那里面放的都是南仁东先生的旧物。有的格子里散放着许多长尾夹、橡皮和订书钉，有一块橡皮表面黑黢黢的，带着擦过的印记；有的格子里放着一只老旧的削笔机，看着这个削笔机，宋晨晨似乎能够看到南仁东先生一手按着削笔机，一手旋转着手柄削铅笔的场景；还有一个展示格里放着南仁东先生用过的红笔、黑笔、蓝笔……

　　宋晨晨忽然指着其中一支红笔，和爸爸说："这支笔我也有！"

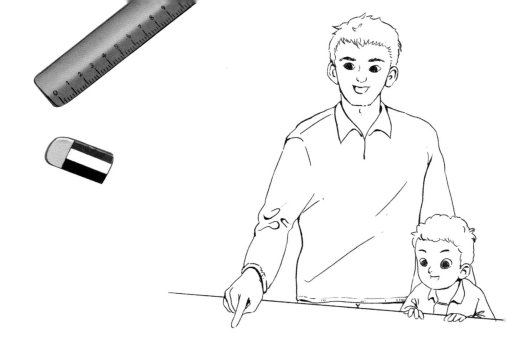

　　"你和大科学家有共同之处呀！"爸爸打趣。

　　宋晨晨心情有些复杂。怎么说呢，这笔太常见了，校门口文具店里就有，一支只要两元钱。在晨晨的印象中，科学家和普通人是不同的，用的东西自然也该是特别的。实际上，他们用的物品和普通人用的一样，做的却是伟大的事。

　　比起前面图文并茂的大段介绍，这样平凡微末的细节更能触动宋晨晨的心弦。他不断地问自己："我和那些伟大的人究竟有何不同？我有可能成为像南仁东爷爷那样的科学家吗？"

讲解员带着大家来到了南仁东在国家天文台的办公室场景前。整洁明亮的办公室内只有寥寥几件物品，可以窥见南仁东先生的朴素作风。

"在这个普通的房间里，南仁东先生组织完成了 FAST 从预研究、立项到设计建造的各项工作，攻克了钢索材料疲劳等一系列技术难题。南仁东先生为了 FAST 付出了全部的心血。"说到此，讲解员也有些哽咽了，"2016 年，天眼诞生了。谁也没想到，第二年，南仁东先生就离开了我们。"

“南仁东先生去世后，FAST 该怎么办呢？”宋晨晨抹了抹眼泪，想到一个问题，又急急问到。

　　“小朋友，别担心，”讲解员温和地说，“现在的‘中国天眼’观测基地，仍有许多年轻的科研人员在坚守。他们有的负责运行维护，有的负责数据处理……他们继承了南仁东先生等老一辈科学家的精神，让‘中国天眼’稳定运转。我们虽然不能一一说出他们的名字，但他们和南仁东先生一样，都是天眼背后的大英雄。”

　　讲解员给大家展示了"中国天眼"的成果，并告诉大家一个好消息："2020年1月11日，'中国天眼'正式开放运行，至今已取得了累累硕果。开放运行后3年，'中国天眼'向全球公布了世界上最大的中性氢星系样本，包含41 741个星系，样本数量超过了原全球

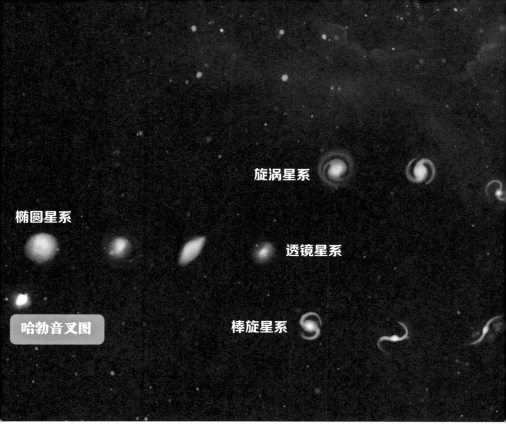

旋涡星系

椭圆星系

透镜星系

哈勃音叉图

棒旋星系

最大射电望远镜阿雷西博过去 13 年的观测成果。这对理解星系的形成和演化规律有很大的助益。"

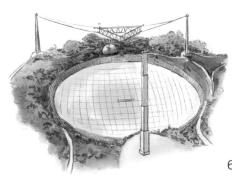

阿雷西博望远镜

是呀，宋晨晨忽然意识到，不积小流无以成江海，每一个为"中国天眼"出力的人都不可或缺。虽然不是每个人都能成为最顶尖的科学家，但是自己可以学习南仁东先生的钻研精神和奉献精神，同样为祖国的科研事业添砖加瓦。

　　讲解员的步伐停在一张图前："2018年10月15日，中国科学院国家天文台宣布，将一颗国际永久编号为79694的小行星正式命名为'南仁东星'。从此，'南仁东星'会与FAST遥遥相望。"

　　宋晨晨记下了"南仁东星"的样子，心想，以后也要看看那颗星星。

到了要和天文小镇说再见的时候，爸爸带着宋晨晨登上返程的大巴车。宋晨晨忽然踮起脚尖，朝远处天眼所在的方向深深地望了一眼。

爸爸看出了他的不舍，说道："等下次爸爸妈妈有空的时候，我们再来玩儿。"

　　"不！"宋晨晨却一口拒绝了，他昂起脑袋说："希望我下次来的时候，不是以游客的身份，而是以科研工作者的身份！"

　　爸爸慈爱地摸了摸他的脑袋："咱们晨晨有志气！爸爸相信你能行！"

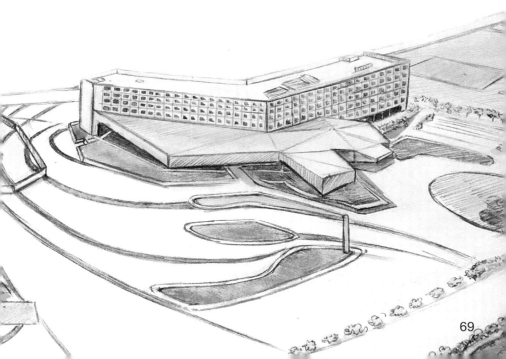

爸爸与宋晨晨踩着夜色回到了家。晚饭后，爸爸和妈妈分享了研学途中的趣事，宋晨晨在书桌前奋笔疾书，记录下这次宝贵的经历。

窗外，漫天的夜幕上点缀着无数繁星，如同散落于黑色绸缎上的闪烁钻石，又如同藏在无尽深渊里的一个个谜团。

不知不觉间，疲惫的宋晨晨伏在桌前睡着了。梦中，他又回到了那个绿意盎然的山坳坳里，像一只鸟儿，飞翔于天眼的上空。他顺着天眼的"目光"不断向上飞去，跨越百亿光年，在无垠的星河中穿梭，倾听着星星的私语……